# EL CLIMA COMO ARMA DE GUERRA

## Programa de Investigación de Aurora Activa de Alta Frecuencia

### JOSE RUIZ WATZECK

**WATZECK HOME STUDIUS DIITAL**

ISBN-13: 979-8850805487
ASIN : B0C9ZJRNLF

Diseño de la portada de: WATZECK HOME STUDIUS DIGITAL

Impreso en los Estados Unidos de América y Europa

# CONTENIDO

# El clima como arma de guerra

# HAARP

Armas geofísicas, manipulaciones climáticas.
Guerra sin disparar un solo tiro.

**2da edición
junio 2024**

**WATZECK HOME STUDIUS DIGITAL**

# UNA BREVE HISTORIA SOBRE
# EL PROYECTO

HAARP es quizás el experimento militar más peligroso realizado en el mundo hasta la fecha, con la excepción de la primera explosión de una bomba atómica.

La revista Popular Science de noviembre de 1995 presenta un artículo sobre HAARP. Esta revista normalmente alegre y divertida ha condenado con vehemencia lo que se está construyendo en Alaska. El informe afirma que HAARP (Programa de Investigación de Auroras Activas de Alta Frecuencia), administrado por el Pentágono y coordinado por la USAF (Fuerza Aérea de los Estados Unidos) a través de la Universidad de Alaska y el Laboratorio de Investigación Naval/USNAVY, tiene como objetivo "comprender, simular y controlar "procesos" a 550 km de altitud, que podría revolucionar los sistemas militares de comunicaciones y vigilancia. El proyecto, iniciado en 1990, preveía una serie de experimentos a lo largo de veinte años. El equipo es proporcionado por Advanced Power Technologies, una filial con sede en Washington DC, E-System de Dallas, antiguo fabricante de tecnologías para proyectos ultrasecretos, y Raytheon Company, una empresa estadounidense.

Aún así, según el informe, Richard Williams, químico físico y consultor del Laboratorio Sarnoff de la Universidad de Princeton, está preocupado. La especulación y la controversia rodean la cuestión de si HAARP podría causar daños irreparables a la atmósfera superior de la Tierra. HAARP irradiará miles de millones de vatios de energía de radio hacia la ionosfera y no sabemos cómo se desarrollará eso. La ionosfera, situada entre 60 km y 1.000 km de altitud, refleja ondas de radio debido a su composición. Con experimentos de esta escala, se podrían causar daños irreparables a la atmósfera superior de la Tierra en un corto espacio de tiempo.

Según Popular Science, la representante del estado de Alaska, Jeanette James, cuyo distrito rodea el sitio de HAARP, preguntó varias veces a los funcionarios de la Fuerza Aérea sobre los proyectos, y la respuesta fue no preocuparse. Ella dice: "Por dentro tengo la sensación de que esto da miedo. Soy escéptica. No creo que sepan lo que están haciendo".

**ARMA GEOFÍSICA**: HAARP puede causar un terremoto enviando la frecuencia de resonancia del terremoto (2,5 Hz) a la ionosfera. La ionosfera refleja esta frecuencia hacia la superficie de la Tierra, penetrando varios kilómetros en el suelo. El terremoto es causado por la alteración del flujo de magma y de la corteza terrestre.

**MANIPULACIÓN DEL TIEMPO**: HAARP puede modificar temporalmente la atmósfera superior excitando electrones e iones con energía de radio enfocada. Esto puede cambiar la composición molecular de una determinada región de la ionosfera, aumentando artificialmente las concentraciones de ozono, nitrógeno, gases, etc., para cambiar la temperatura de la atmósfera superior y, en consecuencia, el clima de la región. Una analogía sería un horno microondas doméstico que calienta los alimentos excitando sus moléculas de agua con energía de radio microondas.

**Avances en tecnología militar:**

Radar de detección de aviones furtivos: envía ondas de radio a regiones de la ionosfera superior e inferior para formar lentes o "espejos" "virtuales" en el cielo, capaces de reflejar y detectar variaciones en una amplia gama de señales de radio sobre el horizonte, descubriendo misiles y aviones furtivos.

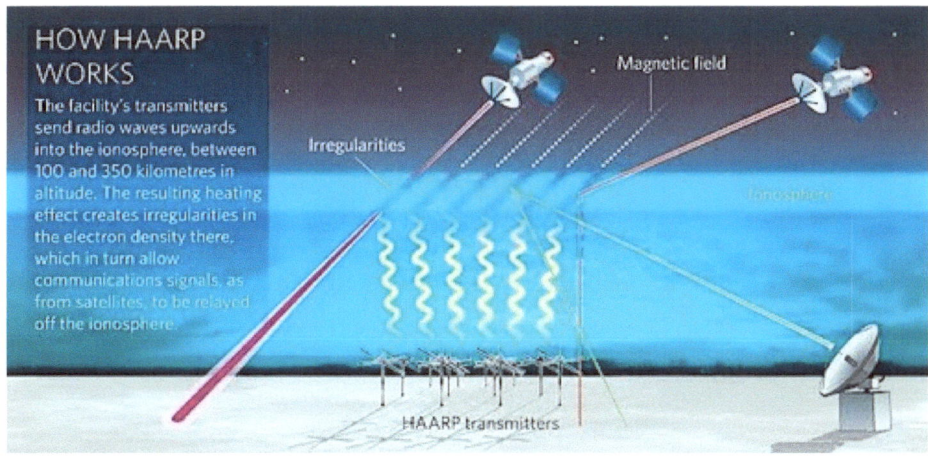

Comunicación tierra-submarino: envía ondas de alta potencia a la ionosfera, utilizándola como reflector para ondas ELF, lo que permite la comunicación a larga distancia con submarinos profundamente sumergidos en el océano.

Escudo antimisiles global: Un escudo antimisiles de alcance global que destruiría misiles y aviones (incluidos aviones civiles) al provocar que sus sistemas de guía electrónica fallaran por sobrecalentamiento o interrupción mientras vuelan a través de un poderoso campo electromagnético.

Ilustración del complejo de antenas en Alaska.

# PREFACIO

Este trabajo pretende reflexionar sobre la influencia de HAARP en el clima local y global del planeta. El objetivo, por tanto, es comprender mejor las anomalías climáticas, como sequías prolongadas, lluvias torrenciales, huracanes y tsunamis, que han sido motivo de creciente preocupación mundial. El método utilizado fue el estudio de varias bibliografías sobre estos fenómenos, que hasta hace poco eran comúnmente atribuidos al "Calentamiento Global".

Sin embargo, cada vez hay más pruebas que sugieren que tecnologías avanzadas como HAARP pueden estar desempeñando un papel importante en la modificación del clima. Poco se sabe, y menos aún se investiga, sobre las nuevas armas que afectan el clima global. A los medios de comunicación no les importa informar a la población sobre estos posibles impactos, y cuando algunos vehículos deciden mencionar el tema, la gente suele preocuparse más por conocer la alineación de su equipo favorito o el episodio de una telenovela en particular.

En este contexto, los fundamentos contenidos en este proyecto fueron recopilados a partir de documentos oficiales norteamericanos, publicados en el sitio web de la Defensa Estadounidense, el Departamento de Meteorología (Administración Nacional Oceánica y Atmosférica de la NOAA), el Servicio Geológico del USGS y el Instituto de Sismología Estadounidense. Además, se consideraron informes independientes y artículos científicos que discuten la influencia potencial de programas como HAARP en los patrones climáticos cambiantes. Este trabajo pretende no sólo esclarecer estos posibles impactos, sino también generar conciencia crítica sobre la necesidad de una mayor transparencia e investigación sobre las tecnologías de modificación climática y sus consecuencias para el planeta.

# INTRODUCCIÓN

El presente trabajo emprende un análisis en profundidad del Proyecto HAARP (Programa de Investigación Auroral Activa de Alta Frecuencia), delineando sus orígenes, desarrollos históricos y, lo más importante, la relevancia de sus investigaciones en la esfera científica contemporánea. Este proyecto, concebido como una iniciativa conjunta entre la Fuerza Aérea, la Armada de los Estados Unidos, la Agencia de Proyectos de Investigación Avanzada de Defensa (DARPA) y la Universidad de Alaska, surge como una contribución fundamental a la comprensión de la ionosfera terrestre.

La introducción del Proyecto HAARP estuvo guiada por la urgente necesidad de investigar y comprender las complejidades de la ionosfera, una capa estratégica de la atmósfera caracterizada por la presencia de partículas cargadas eléctricamente. Motivados por el objetivo de mejorar la comprensión de las interacciones ionosféricas y explorar las aplicaciones prácticas que surjan de esta investigación, los arquitectos de HAARP diseñaron una infraestructura tecnológica única, compuesta por un conjunto de antenas de alta frecuencia ubicadas en Alaska.

Con el tiempo, el Proyecto HAARP ha evolucionado tanto en alcance como en metodología, buscando dilucidar fenómenos aurorales e investigar los efectos de la interacción entre las radiofrecuencias y la ionosfera. En el contexto científico, este esfuerzo ofrece una plataforma única para la realización de experimentos controlados, permitiendo la observación y análisis de fenómenos atmosféricos y sus implicaciones para las comunicaciones por radio, la navegación y la vigilancia.

En este contexto, la relevancia del Proyecto HAARP trasciende el ámbito puramente científico, extendiéndose a esferas más amplias de la sociedad contemporánea. La mejor comprensión de la ionosfera proporcionada por estas investigaciones no solo impulsa avances científicos, sino que también plantea preguntas y, en ocasiones, especulaciones que trascienden los límites de la academia. Es en este choque entre la búsqueda de conocimiento y las percepciones populares que este trabajo busca situarse, ofreciendo un análisis equilibrado y bien fundamentado del Proyecto HAARP y sus implicaciones multifacéticas.

Además de delinear los fundamentos y la evolución del Proyecto HAARP, este trabajo tiene como objetivo presentar una visión integral de las múltiples facetas asociadas con este esfuerzo científico. Entre los objetivos principales de este libro destaca la intención de proporcionar una actualización sustancial sobre los avances más recientes del Proyecto HAARP, contextualizándolos dentro del escenario global de la investigación ionosférica. La motivación de este esfuerzo editorial radica en la necesidad de ofrecer a los lectores una síntesis actualizada y profunda, revisando y ampliando los horizontes conceptuales establecidos en la primera edición. Al mismo tiempo, buscamos mitigar cualquier brecha y pregunta que surgiera del diálogo generado por el trabajo anterior.

La visión global del libro cubre no sólo los matices técnicos y científicos del Proyecto HAARP, sino también los aspectos sociales, éticos y culturales intrínsecos a la investigación ionosférica. Por lo tanto, los lectores emprenderán un viaje que abarca desde la comprensión de los experimentos realizados en las instalaciones de Alaska hasta el análisis crítico de las teorías de conspiración que rodean este proyecto, proporcionando una base sólida para formar perspectivas informadas. En las páginas siguientes, los capítulos de este trabajo se esbozarán en una secuencia lógica, abarcando desde elementos científicos fundamentales hasta implicaciones sociales y direcciones futuras de la investigación ionosférica. Es nuestra esperanza que este trabajo sirva no sólo como una recopilación de conocimientos, sino como un estímulo para la reflexión y el cuestionamiento constructivo, promoviendo un diálogo abierto e informado sobre las dimensiones multifacéticas del Proyecto HAARP.

# CAPÍTULO 1: CONTEXTO HISTÓRICO

El proyecto High Frequency Active Auroral Research Program (HAARP) es una iniciativa financiada por la Fuerza Aérea, la Armada de los Estados Unidos y la Universidad de Alaska con el propósito oficial de "comprender, simular y controlar procesos ionosféricos que pueden cambiar la forma en que se comunican y vigilan las auroras". Los sistemas funcionan". El embrión conceptual que culminó en el Proyecto HAARP encontró sus raíces en un contexto histórico complejo, donde las necesidades de la investigación científica, los avances tecnológicos y las consideraciones estratégicas convergieron de manera única.

La década de 1950 fue testigo de un escenario geopolítico caracterizado por la Guerra Fría, con una intensa competencia entre Estados Unidos y la Unión Soviética en varios frentes, incluido el científico y el tecnológico. La creciente dependencia de los sistemas de comunicación y navegación basados en radiofrecuencia durante este período desencadenó un gran interés en comprender y manipular las propiedades ionosféricas, ya que estas condiciones atmosféricas impactaban directamente en dichos sistemas. El desarrollo de la tecnología de radar y la creciente comprensión de las propiedades de la ionosfera sentaron las bases para la búsqueda de métodos más avanzados de investigación atmosférica. La iniciativa de explorar la posibilidad de influir en la ionosfera mediante la aplicación de radiofrecuencias cobró impulso, dando como resultado experimentos teóricos pioneros que allanaron el camino para el Proyecto HAARP.

El Proyecto, en su forma incipiente, fue concebido en la década de 1990, durante las siguientes décadas, el Proyecto HAARP evolucionó considerablemente, marcado por avances tecnológicos y experimentos innovadores. Los hitos importantes incluyen la construcción de antenas de alta frecuencia, que se convirtieron en la columna vertebral de la instalación, y la realización de experimentos exitosos para investigar las propiedades de la ionosfera en diversas condiciones.

Se especula que el proyecto HAARP es un arma estadounidense capaz de controlar el clima, provocando inundaciones y otras catástrofes. En 1999, el Parlamento Europeo emitió una resolución declarando que HAARP manipulaba el medio ambiente con fines militares, solicitando una investigación del proyecto por parte del Scientific and Technological Options Assessment (STOA), el organismo de la Unión Europea responsable del estudio y evaluación de nuevas tecnologías. En 2002, el parlamento ruso presentó al presidente Vladimir Putin un informe firmado por 90 diputados de los comités de Relaciones Exteriores y Defensa, afirmando que HAARP era una nueva "arma geofísica" capaz de manipular la atmósfera inferior de la Tierra.

En mayo de 2014, la Fuerza Aérea de EE. UU. anunció que el proyecto daría por terminado. HAARP fue creado por el senador estadounidense Ted Stevens, quien ejerció un gran control sobre el presupuesto de defensa estadounidense. Durante una audiencia en el Senado de los Estados Unidos en 2014, el subsecretario adjunto de ciencia, tecnología e ingeniería de la Fuerza Aérea declaró que esta "no es un área que necesitemos en el futuro" y que no sería un buen uso de los fondos de la Fuerza Aérea mantener HAARP. Comentarios de este tipo contribuyeron al surgimiento de teorías conspirativas sobre el proyecto, que fue cerrado oficialmente a mediados de 2015.

El sitio HAARP está ubicado en Gakona, Alaska, al oeste de Wrangell-St. Elías. Tras un estudio de impacto ambiental, se permitió instalar allí una red de 180 antenas. HAARP se construyó en el lugar de una antigua instalación de radar, que ahora alberga el centro de control HAARP, una cocina y varias oficinas. Otras pequeñas estructuras albergan diversos instrumentos científicos. El componente principal de HAARP es el Instrumento de

Investigación Ionosférica (IRI), un calentador ionosférico. Se trata de un sistema transmisor de alta frecuencia (HF) que se utiliza para modificar temporalmente la ionosfera. El estudio de estos datos proporciona información importante para comprender los procesos naturales que ocurren en la ionosfera.

Durante el proceso de investigación ionosférica, la señal generada por el transmisor se envía al campo de la antena, que la transmite al cielo. A una altitud de entre 100 y 350 km, la señal se disipa parcialmente, concentrándose en una masa de cientos de metros de altura y varias decenas de kilómetros de diámetro sobre el lugar. La intensidad de la señal de alta frecuencia en la ionosfera es inferior a 3 $\mu$W/cm$^2$, decenas de miles de veces menor que la radiación electromagnética natural que llega a la Tierra desde el Sol, y cientos de veces menor que los cambios aleatorios en la energía de la radiación ultravioleta (UV). ) que mantiene la ionosfera. Sin embargo, los efectos producidos por HAARP se pueden observar con los instrumentos científicos de esas instalaciones.

**El sitio del proyecto se construyó en tres etapas diferentes:**

1. Prototipo de desarrollo: Con 18 antenas dispuestas en tres columnas por seis filas, alimentadas por 360 kilovatios (kW), este prototipo transmitía energía suficiente para las pruebas ionosféricas más básicas.

2. Prototipo de desarrollo completo: Con 48 antenas dispuestas en seis columnas de ocho filas, con una transmisión de 960 kW, era comparable a otras estaciones de calentamiento ionosférico y se utilizó en varios experimentos científicos e ionosféricos exitosos a lo largo de los años.

3. Instrumento Final de Levantamiento Ionosférico: Con 180 antenas dispuestas en quince columnas de doce filas, con una ganancia teórica máxima de 31 dB, alimentadas por una transmisión de 3,6 MW. La fase final se completó en marzo de 2007 y el conjunto de antenas estaba siendo sometido a pruebas

de rendimiento para cumplir con los estándares de seguridad requeridos por las agencias reguladoras. El proyecto comenzó a funcionar oficialmente en el verano de 2007, emitiendo una energía de radiación efectiva de 5,1 Gigavatios.

Cada antena consta de un dipolo cruzado que puede polarizarse para realizar transmisiones y recepciones en modo lineal común o modo extraordinario. La potencia efectiva radiada por el calentador está limitada por un factor superior a 10 en la frecuencia mínima de funcionamiento debido a las altas pérdidas producidas por las antenas y su comportamiento ineficiente. HAARP puede transmitir en un rango de frecuencia de 2,8 a 10 MHz, por encima de las emisiones de radio AM y por debajo de las frecuencias libres. A HAARP se le permite transmitir solo en ciertas frecuencias, con un ancho de banda de señal transmitida de 100 kHz o menos, y puede transmitir de forma continua o en pulsos de 100 microsegundos. La transmisión continua es útil para la modificación ionosférica, mientras que la transmisión por impulsos se utiliza para el radar. Los científicos pueden experimentar con ambos métodos, modificando la ionosfera durante un período de tiempo predeterminado y midiendo la atenuación de los efectos con transmisiones de pulsos.

En los últimos años se han producido cientos de fenómenos meteorológicos devastadores en todo el mundo, y algunos gobiernos atribuyen estos eventos al Programa de Investigación de Auroras Activas de Alta Frecuencia (HAARP). Este programa, desarrollado inicialmente para mejorar las comunicaciones por radio del ejército estadounidense, es ahora objeto de controversia, y se especula que se utilizará exclusivamente con fines militares en 2025.

En este contexto, el trabajo tiene como objetivo promover la discusión sobre la tesis del calentamiento global, tema ampliamente debatido en varios ámbitos. A través de estos estudios, surgió la teoría de que la manipulación de la ionosfera por parte de HAARP podría alterar el clima de la Tierra, provocando sequías prolongadas en algunas regiones y lluvias torrenciales en otras. Además, podría modificar la trayectoria de los huracanes y provocar tsunamis en cualquier parte del mundo, permitiendo manipulaciones climáticas deliberadas.

Estas acusaciones son preocupantes y plantean preguntas importantes sobre los impactos ambientales y éticos de la investigación realizada por HAARP. Es crucial continuar investigando estos fenómenos para comprender mejor las posibles consecuencias de las actividades humanas en el clima global.

# CAPÍTULO 2: EL VALOR ESTRATÉGICO
# DE LA IONOSFERA

La ionosfera, una capa crucial de la atmósfera situada aproximadamente a 350 km de la superficie de la Tierra, desempeña un papel vital en la protección del planeta contra la radiación cósmica. Compuesta por gases ionizados (plasma) debido a la absorción de la radiación solar en longitudes de onda cortas, como los rayos gamma y los rayos X, la ionosfera tiene la capacidad de desintegrar los meteoritos que atraviesan esta capa, creando las llamadas estrellas fugaces. Esta "energía fría" permitió la invención del horno microondas doméstico.

Los límites superior e inferior de la ionosfera no están bien definidos. Por debajo de los 70 km y por encima de los 1.000 km, los procesos de producción (fotoionización e ionización corpuscular) se equilibran con los procesos de pérdida (recombinación de iones, recombinación electrónica e intercambio electrónico). La fotoionización, causada por la radiación solar (UV, EUV y RX), es el principal proceso de producción de iones. El plasma ionosférico se ve fuertemente afectado por las variaciones en los niveles de radiación solar, lo que resulta en cambios diurnos, estacionales y del ciclo solar. El proceso de recombinación, por otro lado, es complementario a la fotoionización, donde los electrones libres y los iones positivos se unen para formar una partícula neutra y un fotón. En la atmósfera superior, los componentes químicos neutros están extremadamente enrarecidos.

Según Smith (2013), la ionosfera está completamente ionizada, lo que significa que pierde y gana electrones fácilmente, manteniendo una conducción eléctrica constante. El Sol es el principal agente ionizante de la ionosfera, pero los meteoritos y los rayos cósmicos también influyen significativamente en la presencia de iones.

La densidad de iones libres en la ionosfera varía según la hora del día, la estación y los ciclos solares. Cada 11 años, la densidad electrónica y la composición de la ionosfera cambian drásticamente, bloqueando potencialmente cualquier comunicación de alta frecuencia. Las variaciones en las ondas ionosféricas también producen auroras, que son transformaciones de gas ionizado de baja densidad provocadas por cambios en la intensidad del viento solar. Estas auroras, al igual que las auroras boreales, suelen aparecer en la transición del día a la noche, cuando las partículas de plasma eléctrico son capturadas por el campo magnético de la Tierra.

El plasma de la ionosfera y sus oscilaciones eléctricas influyen en las condiciones atmosféricas y meteorológicas del planeta, además de impactar significativamente en las comunicaciones por radio. La ionosfera esencialmente facilita el movimiento de las ondas de radio emitidas desde la superficie terrestre, permitiéndoles viajar largas distancias gracias a las partículas iónicas presentes en esta capa.

## Conceptos teóricos ionosféricos a lo largo de los años

El viento solar, una emisión continua de partículas cargadas de la corona solar, incluye electrones, protones y subpartículas como los neutrinos. Cerca de la Tierra, la velocidad de estas partículas puede variar entre 400 y 800 km/s, con densidades cercanas a las 10 partículas por centímetro cúbico.

La existencia de la ionosfera se conoce desde hace más de dos siglos. En 1839, CF Gauss especuló sobre la existencia de una capa conductora basándose en sus observaciones del campo magnético de la Tierra. En 1902, AE Kennelly y O. Heaviside utilizaron el concepto de esta capa para explicar el éxito de la transmisión transoceánica de ondas de radio de Marconi. El escepticismo sobre la existencia de la capa conductora se disipó en 1925, cuando EV Appleton y MAF Barnett en Inglaterra, y G. Breit y MA Tuve en

Estados Unidos registraron reflejos de ondas de radiofrecuencia a través de la capa "Kennelly-Heaviside".

A menudo se hace referencia al plasma como el cuarto estado de la materia, junto con los sólidos, líquidos y gases. Se forma cuando un gas se calienta a temperaturas extremadamente altas o se expone a un campo eléctrico fuerte, lo que hace que sus átomos pierdan electrones y formen iones. Este proceso se conoce como ionización.

Aquí hay una explicación detallada sobre el plasma:

## 1. Naturaleza del plasma

*Estados de materia*: En estado sólido, las partículas están unidas rígidamente; en líquido, las partículas están más sueltas y pueden fluir; en el gas, las partículas están aún más separadas y se mueven libremente. En el plasma, además de partículas neutras (átomos y moléculas), también hay un número importante de partículas cargadas: iones positivos y electrones libres.

*Ionización*: Cuando la energía (calor o campo eléctrico) es suficiente para separar los electrones de los átomos, los electrones se mueven libremente, dando como resultado un gas ionizado. Este gas ionizado es lo que llamamos plasma.

## 2. Propiedades del plasma

*Conductividad eléctrica*: Debido a la presencia de electrones e iones libres, el plasma es altamente conductor, a diferencia de los gases neutros.

*Respuestas a los campos eléctricos y magnéticos*: Las partículas cargadas del plasma responden fuertemente a los campos eléctricos y magnéticos, lo que permite controlar y manipular el plasma mediante estos campos.

*Emisión de luz*: Cuando los electrones libres en el plasma se recombinan con iones o chocan con átomos neutros, pueden emitir luz. Esto se observa en fenómenos como relámpagos, auroras y lámparas fluorescentes.

## 3. Tipos de plasma

*Plasma Natural*: Los ejemplos incluyen el Sol y otras estrellas, los relámpagos, las auroras y la ionosfera de la Tierra.

*Plasmas artificiales*: Creado en lámparas fluorescentes, televisores de plasma, máquinas de corte por plasma y en experimentos de fusión nuclear.

## 4. Aplicaciones de plasma

Tecnología de iluminación: Las lámparas fluorescentes y las lámparas de vapor de sodio utilizan plasma para generar luz eficiente.

Electrónica: Los televisores de plasma y los paneles de visualización utilizan plasma para crear imágenes.

Fabricación industrial: El corte por plasma se utiliza para cortar metales con precisión. Los plasmas también se utilizan en procesos de limpieza y recubrimiento de superficies.

Fusión nuclear: La investigación en fusión nuclear, como los proyectos de reactor tokamak y stellarator, busca utilizar plasma para crear una fuente de energía limpia y abundante.

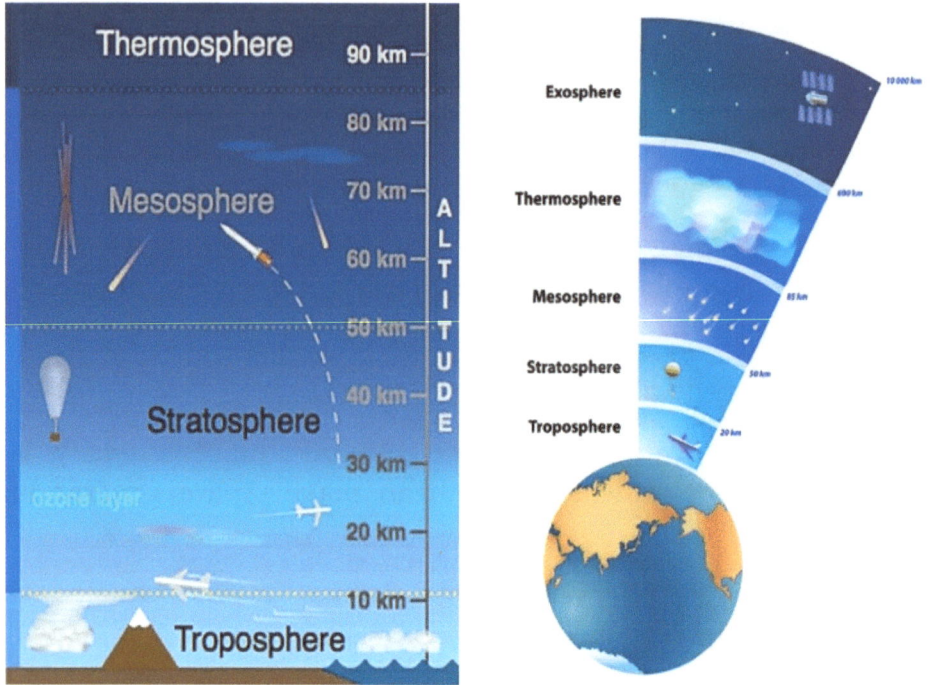

Las capas atmosféricas de la Tierra [imagen de Internet]

## 5. Fenómenos naturales relacionados con el plasma

*auroras*: Ocurren cuando partículas cargadas del viento solar interactúan con el campo magnético de la Tierra, ionizando gases en la atmósfera superior y creando luces brillantes.

*Iluminación*: Son descargas eléctricas naturales que dan como resultado plasma, visible como un destello de luz.

## 6. Desafíos en el estudio del plasma

*Control y Confinamiento*: Controlar el plasma es un desafío debido a su alta temperatura y reactividad. Esto es especialmente importante en los experimentos de fusión nuclear.

*Interacciones complejas*: El comportamiento del plasma es muy dinámico y puede ser turbulento, lo que hace complejo su estudio y modelado.

## 7. Características físicas

*Temperatura*: Los plasmas pueden alcanzar temperaturas extremadamente altas, superiores a las que se encuentran en los núcleos de las estrellas.

*Densidad*: La densidad del plasma puede variar mucho, desde los plasmas densos de las estrellas hasta los plasmas de baja densidad del espacio interestelar.

Para ofrecer una comprensión más completa y actualizada de la ionosfera, es interesante mencionar algunas de las investigaciones recientes y sus implicaciones.

## Investigación y aplicaciones modernas de la ionosfera

En los últimos años se ha intensificado la investigación sobre la ionosfera, especialmente con el uso de tecnologías avanzadas como satélites, radares y sistemas de medición remota. La Agencia Espacial Europea (ESA) y la NASA han invertido significativamente en programas para monitorear y comprender mejor esta capa de la atmósfera. Proyectos como el Swarm de la ESA, que consiste en una constelación de satélites, han permitido mapear detalladamente las variaciones en la ionosfera y su impacto en el campo magnético de la Tierra.

## Impacto en las comunicaciones y la navegación

La ionosfera desempeña un papel crucial en las comunicaciones por radio y la navegación GPS. Las variaciones en la densidad electrónica de la ionosfera pueden causar interferencias significativas en las ondas de radio, afectando la calidad de las comunicaciones y la precisión de los sistemas de navegación. Estudios recientes se centran en mitigar estos efectos mediante el desarrollo de tecnologías que puedan compensar las distorsiones ionosféricas y mejorar la confiabilidad de los sistemas de comunicación y navegación.

## Clima espacial y seguridad

La ionosfera también es un área de interés en el estudio del clima espacial, que abarca los efectos de las tormentas solares y otras actividades provocadas por el sol en la Tierra. Estas tormentas pueden causar perturbaciones en la ionosfera, provocando fallas en las comunicaciones, apagones de radio y problemas con los satélites y las redes eléctricas. La investigación avanzada está explorando formas de predecir estas tormentas y desarrollar estrategias de mitigación para proteger la infraestructura crítica.

## Contribuciones a la ciencia y la tecnología

Además de las aplicaciones prácticas, la investigación ionosférica contribuye a la ciencia fundamental al proporcionar conocimientos sobre la física del plasma y las interacciones entre la Tierra y el Sol. Estas investigaciones son esenciales para desarrollar modelos climáticos más precisos y comprender mejor los procesos atmosféricos que afectan el clima global.

## La ionosfera y la exploración espacial

La ionosfera también es relevante para la exploración espacial. Las misiones espaciales que atraviesan esta capa, como los lanzamientos de satélites y los viajes tripulados, deben considerar sus propiedades para garantizar la seguridad y eficacia de las operaciones. Una comprensión detallada de la ionosfera permite planificar rutas de vuelo que minimicen los riesgos y optimicen la comunicación entre la Tierra y las naves espaciales.

La ionosfera es una capa compleja y dinámica de la atmósfera terrestre, con impactos significativos en varias áreas de la ciencia y la tecnología. La investigación continua de esta región no sólo mejora nuestro conocimiento de la Tierra y su entorno espacial, sino que también impulsa avances tecnológicos que benefician a la sociedad en general. Por tanto, la investigación ionosférica sigue siendo un área vital de estudio, con implicaciones que van desde la mejora de las comunicaciones globales hasta la protección contra los efectos adversos del clima espacial y terrestre.

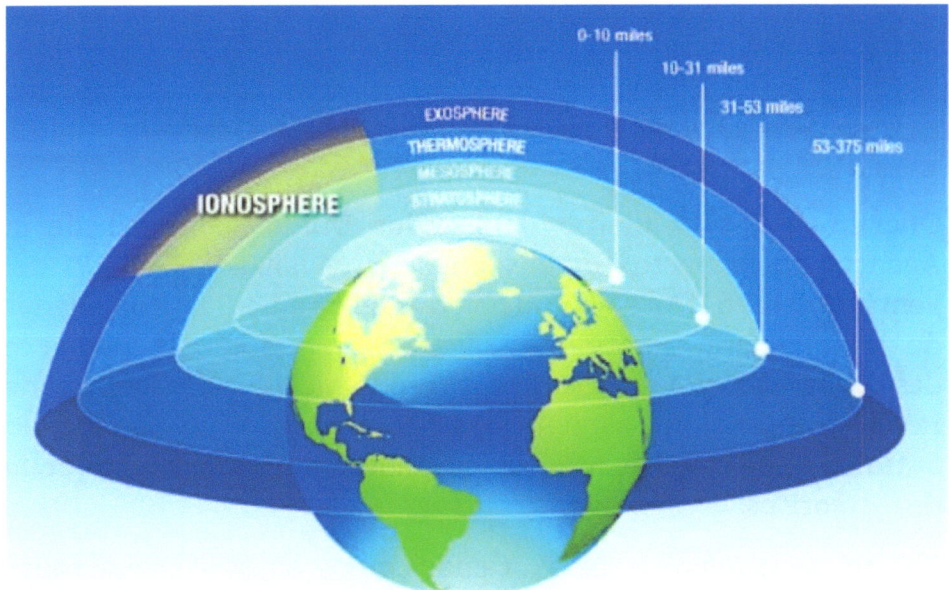

Las capas atmosféricas de la Tierra [imagen de Internet]

# CAPÍTULO 3 – EL COMIENZO DE HAARP

Oficialmente, el gobierno de Estados Unidos, a través de la Agencia de Proyectos de Investigación Avanzada (APPAP) del Pentágono, creó HAARP con el objetivo de estudiar las propiedades de la ionosfera y promover avances tecnológicos. Mediante descargas electromagnéticas se pretende mejorar los sistemas de radiocomunicación y vigilancia, así como crear un denso escudo antimisiles para bloquear posibles ataques nucleares o una lluvia de meteoritos.

En consecuencia, HAARP tiene como objetivo desarrollar tecnologías que minimicen la interferencia en ondas de radio de corta frecuencia y ondas de amplitud modulada mediante el aumento de la densidad del plasma o gas ionizado para mejorar el rendimiento de las radiocomunicaciones y los sistemas de navegación marítima y aérea, que utilizan radiofrecuencias. Es importante señalar que el Pentágono considera que mejorar las comunicaciones por radio aumentando la densidad del gas ionizado (plasma) es también una estrategia militar.

A nivel civil, emisoras internacionales como Voice of America (VOA) y la British Broadcasting Corporation (BBC) todavía utilizan la ionosfera para enviar sus señales de radio a la Tierra, lo que permite que sus programas se escuchen en todo el mundo.
Además, las señales transmitidas por satélites para comunicaciones y navegación deben pasar a través de la ionosfera. Las irregularidades ionosféricas pueden tener un impacto importante en el rendimiento y el propósito de los sistemas de televisión y satélite, según el sitio web HAARP.

HAARP (Programa de Investigación de Auroras Activas de Alta Frecuencia) es un proyecto de investigación creado en 1993 para monitorear los cambios en las ondas en la ionosfera, que absorbe los rayos ultravioleta del sol y los convierte en iones y electrones. Los transmisores de radio y las ondas telúricas pueden modificarse artificialmente mediante descargas electrostáticas para comprimir y redirigir estas ondas para diversos fines. La base de transmisión de HAARP está ubicada en Gakona, Alaska, donde una red de 180 antenas hacia el cielo actúa como un potente transmisor de radio de alta frecuencia (capaz de producir 10 megavatios de potencia cuando el sistema funciona correctamente), utilizado para modificar las propiedades electromagnéticas en un tiempo limitado. Área de la ionosfera. Los procesos que ocurren en esta área son analizados por otros instrumentos, pero a menudo se acusa a HAARP de ser un arma climática militar, con tecnología para producir desastres naturales como rayos, tormentas, huracanes, tsunamis, lluvias torrenciales y terremotos, lo que permite a una superpotencia utilizarlo todo. esta tecnología contra tus enemigos. Los desastres de tal magnitud siempre se han atribuido a fenómenos climáticos, pero nuevas teorías sugieren que las acciones humanas están detrás de estas destrucciones.

como experimentos secretos para crear una nueva arma de guerra manipulando el clima de la Tierra. Esta tecnología podría transformar las olas del mar en tsunamis, como el ocurrido recientemente en Japón e Indonesia, que podría destruir una ciudad entera.

Complejo de antenas HAARP en Alaska

## El comienzo de la teoría de las ondas ELF en el siglo XIX

Lo más intrigante es que esta tecnología no apareció en este siglo. Algunas teorías datan de hace más de cien años, del inventor Nikola Tesla, considerado el fundador de las armas de energía dirigida. Tesla fue un genio excéntrico, rival de Thomas Edison, quien en 1891 inventó una bobina de transformador que todavía se utiliza hoy en día para generar corrientes de alto voltaje y estudiar la electricidad. Tesla desarrolló la teoría de que era posible controlar el clima mediante ondas extremadamente bajas

(ELF), que podrían canalizarse hacia la ionosfera en las capas superiores de la atmósfera. Al calentar una región de la ionosfera, este proceso la empuja hacia arriba, creando un espacio que altera la corriente en chorro y el sistema de presión, permitiendo manipular el clima. La ionosfera calentada funciona como una presa gigante, redistribuyendo la trayectoria de las corrientes en chorro que mueven miles de millones de litros de agua alrededor de la Tierra, influyendo en las lluvias y las tormentas.

Las teorías de Tesla podrían crear una nueva generación de armas meteorológicas. Uno de sus objetivos era controlar los rayos, lo que permitiría eliminar rápidamente los objetivos. Según BEGICH (1997), los rayos pueden emitir rayos X y gamma, tal como se publica en revistas como Scientific American y Physics Today. Este descubrimiento motiva investigaciones similares en Brasil.

Nikola Tesla: imagen internet

La investigación sobre los rayos es tan antigua como la electricidad, pero muchos de los procesos físicos detrás de estas descargas aún no se conocen bien. Los estudios de laboratorio generan descargas de unos pocos metros, mucho más pequeñas que los kilómetros de un rayo típico. Se están desarrollando técnicas como la inducción de rayos en las nubes de tormenta.

En Brasil, investigaciones realizadas por el Grupo de Electricidad Atmosférica del INPE, asociado a varias instituciones, tienen como objetivo comprender estos procesos. Se empezaron a realizar observaciones con rayos X y rayos gamma, pero aún sin éxito. El grupo también estudia los duendes en tormentas asociadas a frentes fríos y las variaciones en las características de los rayos en diferentes regiones del país. El proyecto internacional Troccibras también forma parte de esta investigación.

Imagínese que estos rayos impacten en tanques de batalla o aviones de combate, según los organizadores de HAARP, quienes afirman que la tecnología no tiene fines militares.

Científicos e investigadores como Jerry Smith, Nick Begich y Nick Pope creen que los rayos podrían ser un arma devastadora en la guerra, alcanzando objetivos con temperaturas de 27.000 grados centígrados y provocando cortocircuitos en los sistemas electrónicos, esenciales en los equipos de guerra. Esto afectaría a los radares, interrumpiría las comunicaciones y desorientaría la navegación, además de interferir con los programas informáticos.

Otros países, como Rusia y China, que tienen instalaciones de investigación ionosférica, llevan a cabo programas similares a HAARP. La colaboración internacional en la investigación ionosférica es crucial para avanzar en el conocimiento científico y tecnológico global. Estas colaboraciones pueden ayudar a disipar algunas de las controversias asociadas con estas tecnologías al promover la transparencia y el intercambio de información o aumentar el nivel de desconfianza entre la población mundial.

La discusión sobre HAARP y tecnologías similares también plantea cuestiones éticas sobre el uso responsable de la ciencia y la tecnología. La posibilidad de manipulación climática o uso militar de tales tecnologías requiere una regulación estricta y un debate ético integral para garantizar que los avances científicos beneficien a la humanidad en su conjunto sin causar daños involuntarios ni ser utilizados con fines destructivos.

HAARP ejemplifica cómo la ciencia puede ser un campo de descubrimientos prometedores, pero también de grandes responsabilidades. Continuar explorando y comprendiendo la ionosfera y sus interacciones con la Tierra podría conducir a avances significativos en varias áreas de la tecnología y la ciencia. Sin embargo, es esencial que la comunidad científica y los gobiernos trabajen juntos para garantizar que estas tecnologías se utilicen de manera ética y transparente, promoviendo beneficios globales y previniendo posibles abusos.

# CAPÍTULO 4: PRIMER ATAQUE GEOFÍSICO A EE.UU.

En julio de 1976, se produjeron apagones en los sistemas de comunicaciones de todo el mundo que quedaron sin explicación. Una extraña frecuencia provocó interferencias en transmisiones de radio, televisión y telecomunicaciones, principalmente en Estados Unidos. Según Smith (2010), autor de un libro sobre armas climáticas, esta señal constaba de diez latidos seguidos de una pausa, repetida varias veces. Científicos norteamericanos descubrieron que la enigmática señal provenía de la extinta Unión Soviética y la apodaron el "pájaro carpintero ruso".

Según Begich (2009), este nombre se le dio porque el ruido captado se asemejaba al sonido de un pájaro carpintero picoteando. Basándose en fotografías de satélite, se decía que los rusos construyeron en secreto un transmisor de radio gigante que emitía ondas de frecuencia extremadamente baja, conocidas como ondas ELF, en la atmósfera de América del Norte. Los rusos continuaron irradiando esta señal hasta 1989, cuando fue detectada por última vez.

Según Farmer (2011), el "pájaro carpintero ruso" funcionaba como un enorme radar, emitiendo millones de vatios de energía de baja frecuencia. Cada vez que se emitía un pulso aparecía un tictac, y cada pulso contenía una gran cantidad de energía. Farmer sugiere que los rusos intentaban protegerse interceptando misiles balísticos lanzados hacia la Unión Soviética. En este contexto, sería plausible un radar transhorizontal para detectar un posible ataque estadounidense.

Sin embargo, otros investigadores, como Smith (2010) y Ponte (2008), sospechaban algo más intrigante. Smith (2010) informa que en el momento en que se emitió la señal ocurrieron muchos eventos extraños.

Según Ponte (2008), en julio de 1982, afirmó que la señal procedente de Rusia estaba creando capas artificiales de ionización en la atmósfera superior, calentándola. Esto podría afectar a la corriente en chorro y alterar los patrones globales del viento, como predijo la teoría de Nikola Tesla hace más de cien años. Smith (2010) menciona que se han llevado a cabo cientos de investigaciones en laboratorios militares para mejorar las emisiones de ondas de baja frecuencia a la atmósfera, y algunas de estas investigaciones sugieren que es posible manipular la corriente en chorro.

Complejo de antenas rusas

Durante este período sucedió algo siniestro. De 1987 a 1992, California experimentó una de las sequías más graves de su historia, con incendios, ganado diezmado, cultivos destruidos y un aumento considerable de los precios de los alimentos. La población estaba aterrorizada y los científicos perplejos.

Climatólogos como Smith (2010) y Ponte (2008) atribuyen la sequía a las altas temperaturas, que impidieron la entrada de humedad a la región. Un sistema de alta presión se estacionó a 1.300 kilómetros (800 millas) a lo largo de la costa del estado, impidiendo el flujo normal de humedad desde el Océano Pacífico hacia el continente, una anomalía atmosférica inusual. Normalmente, los vientos de gran altitud traen humedad a la costa sur del oeste de EE. UU., y la corriente en chorro sopla de oeste a este. Sin embargo, según Administración Nacional Oceánica y Atmosférica (NOAA) 1999, entre 1988 y 1992, durante el período seco en California, hubo una anomalía en la corriente en chorro, que comenzó a soplar de este a oeste. A principios de 1995, los vientos volvieron a su dirección normal.

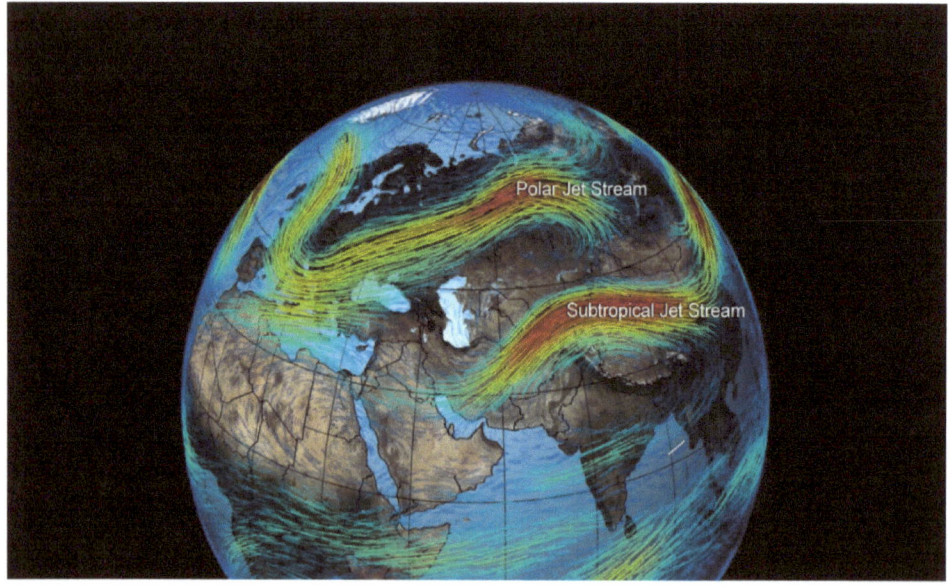

Corrientes en chorro subtropicales y del Polo Norte. Foto: NASA.

Cuando los estadounidenses comenzaron a cuestionar estas anomalías, los soviéticos negaron cualquier participación en el suceso. Para los estadounidenses, esto fue interpretado como un ataque meteorológico por parte de los soviéticos.

Según el profesor Keane (2009), uno de los principales elementos de las guerras climáticas es la negación plausible, lo que hace difícil culpar a alguien, ya que no se sabe si se trata de un fenómeno natural o una acción deliberada. Begich (2010) afirma que si podemos hacer que la naturaleza trabaje para nosotros, podemos intensificar las guerras secretas y negar todas las acusaciones.

La corriente en chorro (o chorro de alto nivel) es un flujo de aire rápido y estrecho que se encuentra en la atmósfera superior de la Tierra. Estos fuertes vientos ocurren cerca de la parte superior de la troposfera, que es la capa más baja de la atmósfera, entre 8 y 15 kilómetros sobre la superficie de la Tierra. Las corrientes en chorro son causadas por grandes diferencias de temperatura y presión entre diferentes regiones de la atmósfera.

**Principales características de la corriente en chorro**

1. Velocidad y dirección: Las corrientes en chorro pueden alcanzar velocidades de 100 a 200 millas por hora y, en casos extremos, incluso superiores. Generalmente fluyen de oeste a este en ambos hemisferios.

2. Ubicación: Hay dos corrientes en chorro principales en cada hemisferio:

a- Corriente en chorro polar: Situada cerca de los polos, entre los 50 y 60 grados de latitud.
b- Corriente en chorro subtropical: Se encuentra en latitudes más bajas, entre 20 y 30 grados.

3. Forma y extensión: Las corrientes en chorro son irregulares y pueden ondularse, creando patrones de ondas largas y cortas en la atmósfera. Estas ondas pueden influir en el clima y el tiempo en varias regiones del mundo.

**Función e importancia de la corriente en chorro**

1. Influencia en el clima y el tiempo: las corrientes en chorro desempeñan un papel crucial en la determinación de los patrones climáticos y las condiciones meteorológicas. Afectan la formación y movimiento de sistemas de alta y baja presión, tormentas, frentes fríos y cálidos.

2. Transporte de masa de aire: Las corrientes en chorro actúan como barreras y facilitadores en el transporte de aire frío y caliente entre diferentes partes del planeta. Esto contribuye a la redistribución del calor y la humedad, influyendo en el clima global.

3. Aviación: Las corrientes en chorro son muy importantes para la aviación. Los pilotos suelen planificar sus rutas para aprovechar los vientos favorables de la corriente en chorro, ahorrando combustible y tiempo de vuelo. Sin embargo, también pueden ser peligrosos debido a las turbulencias asociadas.

**Formación de corrientes en chorro**

Las corrientes en chorro se forman debido a las diferencias de temperatura entre masas de aire. En el caso de la corriente en chorro polar, la diferencia de temperatura entre el aire frío del Ártico y el aire más cálido de latitudes medias crea un gradiente de presión que resulta en fuertes vientos en la atmósfera superior. En el caso de la corriente en chorro subtropical, la diferencia de temperatura entre el aire cálido de las regiones tropicales y el aire más frío de las latitudes medias es la causa principal.

**Impactos de las anomalías de la corriente en chorro**

Las anomalías o cambios en el comportamiento de las corrientes en chorro pueden tener impactos significativos en el clima y el tiempo. Por ejemplo, una corriente en chorro que se mueve hacia el norte o el sur puede cambiar los patrones de precipitación y temperatura, provocando sequías o inundaciones en diferentes regiones. Además, las perturbaciones en la corriente en chorro pueden estar asociadas con eventos extremos como olas de calor, tormentas severas e inviernos duros.

Según algunos científicos, climatólogos, meteorólogos y teóricos de la conspiración, el proyecto HAARP (Programa de Investigación de Auroras Activas de Alta Frecuencia) podría alterar significativamente las características y funciones naturales de las corrientes en chorro descritas anteriormente. Las afirmaciones de estas teorías incluyen la capacidad de manipular el clima global y crear desastres naturales. A continuación se muestran algunos ejemplos de cómo HAARP, según estas teorías, podría impactar los elementos mencionados en el texto:

## Manipulación del clima y del tiempo

1. Influencia en el Clima y el Tiempo, Manipulación de Sistemas de Alta y Baja Presión: Las teorías sugieren que HAARP podría generar o intensificar sistemas de alta o baja presión, influyendo en tormentas, frentes fríos y cálidos. Creación de tormentas y huracanes: Afirman que HAARP podría inducir o amplificar tormentas y huracanes modificando la atmósfera superior.

## 2. Transporte masivo aéreo:

Jet Stream Shift: Se sugiere que HAARP podría cambiar la trayectoria de las corrientes en chorro, redirigiendo masas de aire caliente o frío a regiones específicas, provocando cambios climáticos artificiales.

## Formación y funcionamiento de corrientes en chorro

### 1. Creación de anomalías:

Inducción de ondas y cambios en la corriente en chorro: Los teóricos de la conspiración afirman que HAARP puede crear ondas anómalas en la corriente en chorro, afectando los patrones climáticos globales.

Cambio de velocidad y dirección del viento: HAARP podría, en teoría, cambiar la velocidad y dirección de los vientos de las corrientes en chorro, provocando fenómenos climáticos extremos como olas de calor o frío intenso.

## Impactos y consecuencias

1. Sequías e Inundaciones:
Manipulación de los patrones de precipitación: Las teorías sugieren que HAARP podría causar sequías o inundaciones al controlar la cantidad de humedad transportada por las corrientes en chorro a diferentes regiones.

2. Eventos extremos:
Generación de desastres naturales: Afirman que HAARP podría crear terremotos, tsunamis y otros desastres naturales al modificar la atmósfera y las corrientes en chorro.

## Cómo supuestamente funciona HAARP

Según estas teorías, HAARP utilizaría transmisiones de alta frecuencia para calentar partes específicas de la ionosfera, la capa superior de la atmósfera. Este calentamiento supuestamente podría crear "espejos" de alta presión que redirigirían las corrientes en chorro y afectarían el clima de forma controlada. La manipulación de la ionosfera podría alterar la circulación atmosférica, provocando impactos climáticos a gran escala.

## Ejemplo de un escenario conspirativo

En el contexto de la sequía de California descrita en el texto original, los teóricos de la conspiración podrían afirmar que HAARP se utilizó para crear un sistema estacionario de alta presión que retenía la humedad del Océano Pacífico, provocando la sequía extrema. De manera similar, podrían afirmar que HAARP indujo la anomalía de la corriente en chorro que alteró los patrones del viento durante el período 1988 a 1992.

Si bien estas afirmaciones son populares en las teorías de la conspiración, es importante señalar que no existe evidencia científica que respalde la idea de que HAARP pueda manipular el clima de una manera tan dramática. La mayoría de los científicos y expertos consideran infundadas estas teorías, atribuyendo las variaciones climáticas y anomalías en la corriente en chorro a procesos naturales y complejos en la atmósfera terrestre, mientras que otros defienden la tesis de esta posibilidad.

A pesar de esto, los meteorólogos de la NOAA y del Servicio Meteorológico Nacional de EE. UU. no pudieron explicar el motivo de la anomalía en la corriente en chorro, sugiriendo que podría ser simplemente el flujo y reflujo impredecible de la naturaleza. Coincidentemente o no, Estados Unidos inició un misterioso complejo de antenas en febrero de 1992, alegando mejoras en las comunicaciones por radio. Sin embargo, lo más preocupante es que HAARP no es el único proyecto de este tipo en el planeta; Hay al menos otros veinte centros de investigación similares, repartidos por todo el mundo y que operan en lugares que ya no son secretos.

Estados Unidos posee y opera tres de esos centros: uno en Fairbanks, otro en Gakona, ambos en Alaska, y uno en Arecibo, Puerto Rico. Rusia tiene uno en Vasilsursk y la Unión Europea tiene uno en Tromsø, Noruega. Trabajando juntos, estos transmisores pueden alterar la corriente en chorro en todo el planeta, cambiar la dirección del viento, causar tormentas, sequías, terremotos, tsunamis, tornados y huracanes, simplemente calentando la atmósfera y creando cúpulas de alta presión que podrían dirigir estos eventos a cualquier lugar. en el mundo. Aunque no se puede decir que estos dispositivos se utilicen como armas meteorológicas, algunos hechos levantan sospechas, como veremos en el próximo capítulo.

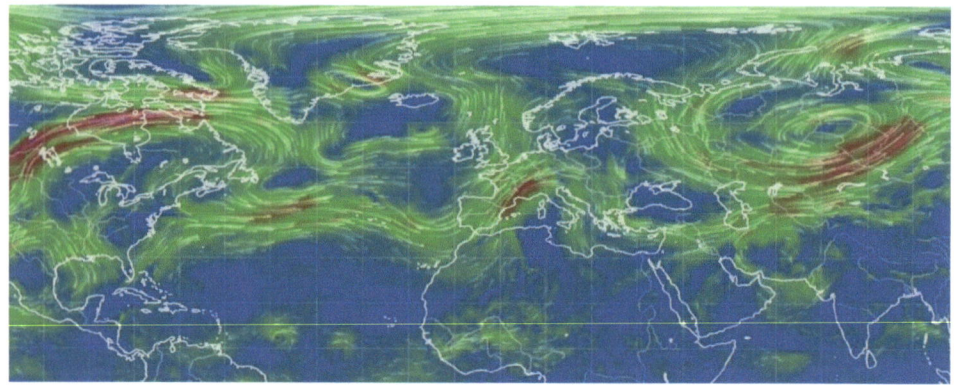

Corrientes de aire: imagen de la NASA

# CAPÍTULO 5: HURACÁN KATRINA

El 23 de agosto de 2005, el Servicio Meteorológico Nacional comenzó a monitorear una modesta tormenta que se estaba formando en las Bahamas, inicialmente conocida como "Depresión Tropical 12". Fenómenos de esta magnitud rara vez causan daños importantes a los edificios o provocan víctimas. Sin embargo, esta tormenta evolucionó drásticamente, convirtiéndose en huracán de categoría cinco, con vientos de hasta 280 km/h, y pasó a llamarse huracán Katrina. Al azotar la costa del Golfo, Katrina se convirtió en uno de los peores desastres en la historia de Estados Unidos, causando daños estimados en 81 mil millones de dólares y provocando más de 1.800 muertes. Como otros huracanes de ese año, Katrina mostró movimientos muy peculiares, nunca antes observados en huracanes importantes.

Huracán Katrina

La temporada de huracanes de 2005 estuvo marcada por anomalías extrañas y sorprendentes, con acontecimientos que nunca debieron haber ocurrido. Muchas de las trayectorias de los huracanes de esta temporada han sido lineales, aunque es inusual que los huracanes se muevan en línea recta. Rápidamente surgió una teoría: Katrina golpeó a Estados Unidos con una fuerza inusual debido a las experiencias climáticas de Rusia y China. Según los meteorólogos de la NOAA, justo antes de tocar tierra, Katrina hizo un giro brusco de 90 grados hacia la izquierda y se dirigió a lo largo de la playa a una velocidad considerable antes de tocar tierra. A partir del análisis de imágenes satelitales, el equipo de la Administración Nacional Oceánica y Atmosférica especuló que el huracán fue atacado intencionalmente como parte de un ataque meteorológico.

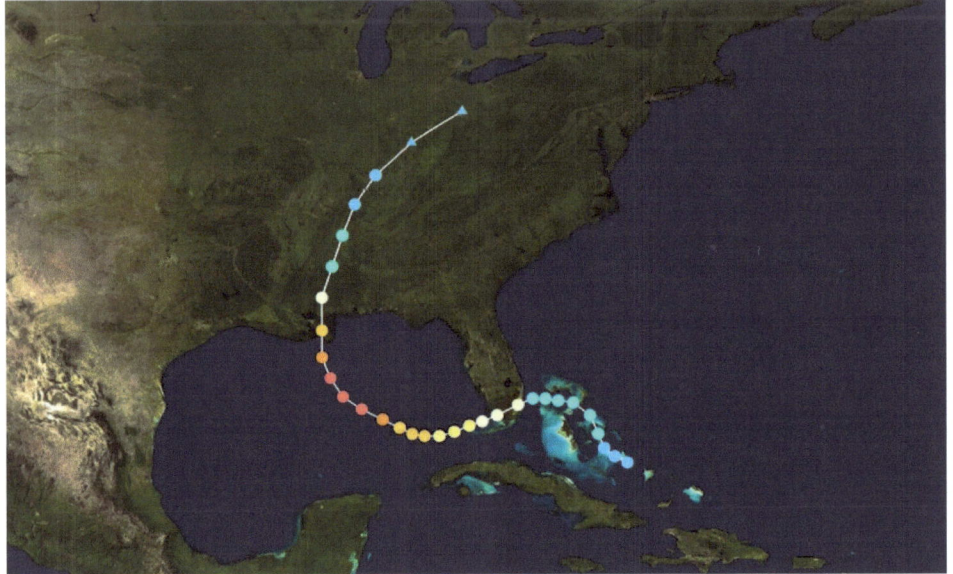

Ruta cambiada 90º por el huracán Katrina

Debido a estos hechos presentados por el equipo de la NOAA, surgió la especulación de que países enemigos de Estados Unidos, como Rusia y China, lanzaron huracanes contra el país como si fueran bombardeos, un ataque climático, demostrando el potencial de utilizar esta técnica como arma de guerra. Sin embargo, no hubo pruebas concluyentes de tal ataque; Los chinos y rusos atribuyeron esta anomalía a una peculiaridad del huracán.

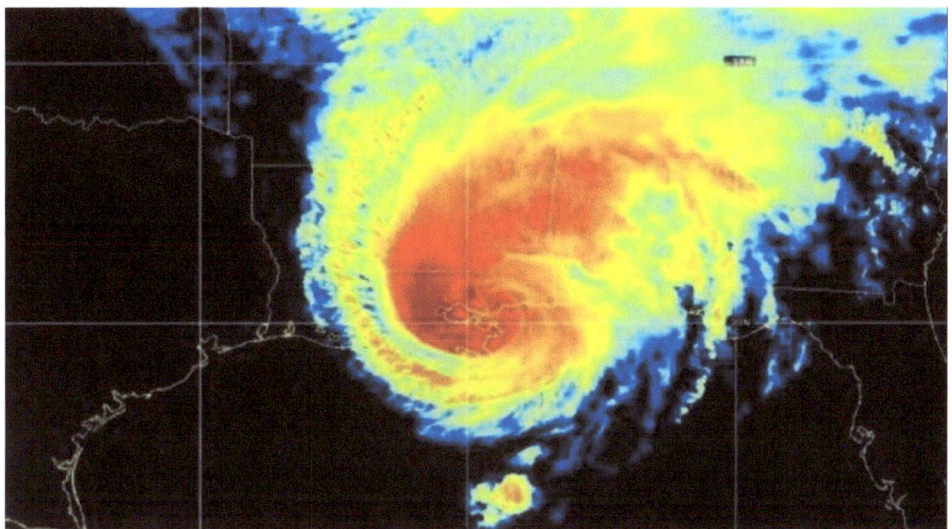

Imagen de satélite de Katrina: créditos de la ESA/NASA

Controlar y dirigir un huracán equivaldría a poseer el poder de un arma nuclear. Un fenómeno de esta magnitud podría ser la mejor arma de guerra. En 2006 ocurrió algo muy preocupante: según el Servicio Meteorológico Nacional, ese año ningún huracán tocó tierra. Se afirmó que los militares estaban utilizando HAARP para prevenir y proteger la región previamente afectada por Katrina. Una zona irregular de alta presión en el sureste de Estados Unidos apoyó esta conclusión, según varios científicos como Smith (2010) y Ponte (2008).

Este domo de alta presión nunca antes había sido observado, y mucho menos estacionado en el sureste durante toda la temporada de huracanes, pero ha ocurrido durante tres años seguidos. Funcionó como una barrera: cada huracán que se acercaba a la costa era inmediatamente desviado hacia el mar. La construcción de HAARP coincidió con la aparición de este nuevo tipo de escudo contra huracanes. Los meteorólogos de todo el mundo dicen que la zona de alta presión es sólo una anomalía climática, una de muchas que ocurren en la naturaleza, pero su intensidad sigue confundiendo a los expertos. De acuerdo aAdministración Nacional de Aeronáutica y Espacio (NASA), era la misma alta presión observada en California a finales de los 80 y principios de los 90.

Un informe oficial del Departamento de Guerra de Estados Unidos afirma que explorar y controlar el clima para el año 2025 es un objetivo estratégico. El documento afirma que "la modificación del clima es un multiplicador de fuerza con un poder enorme que puede explotarse en entornos de guerra". El informe climático de 2025 es básicamente un análisis militar de lo que se puede hacer, ya sea traer lluvias o prolongar la sequía. La idea es que, para 2025, todos los aspectos del clima puedan ser manipulados. El documento expresa claramente cómo y por qué la Fuerza Aérea de los Estados Unidos debe dominar el clima y utilizar esta tecnología en guerras futuras, utilizando el clima como arma.

La justificación del documento es clara: la mejor guerra es aquella en la que, al lanzar un ataque, nadie sabría cómo empezó. Ésa es la promesa de las armas climáticas, no sólo para Estados Unidos, sino para todas las naciones. Con una fecha límite de 2025, el futuro de la guerra climática es motivo de preocupación. El peor de los casos sería el uso de satélites con sistemas de armas para alterar el clima de la Tierra, provocando potencialmente lluvias en los desiertos, nieve u olas de calor en el Ártico. Si los enemigos de Estados Unidos alteraran las corrientes en chorro debajo de América del Norte, podrían hundir al continente en otra era de hielo, según la NASA.

Nueva Orleans

JOSÉRUIZ WATZECK

La ciudad de Nueva Orleans, tras el paso del Katrina (29/ago/2005, 17:24:22 hora local)

# CAPÍTULO 6: TERREMOTO EN HAITÍ

El 12 de enero de 2011, en el primer aniversario del terremoto que devastó Puerto Príncipe, el primer ministro haitiano, Jean-Max Bellerive, declaró que la catástrofe había dejado 316.000 muertos, 350.000 heridos y más de 1,5 millones de personas sin hogar. La ONU estima que el terremoto del 12 de enero de 2010 mató a 220.000 personas y dejó a 1,2 millones sin hogar. Bellerive destacó que alrededor de 400.000 personas todavía vivían en tiendas de campaña en los campos de refugiados. Según él, la catástrofe "natural" provocó pérdidas de 7,8 mil millones de dólares y mató a casi el 17% de la población haitiana. Para Bellerive, "somos uno de los países más pobres del mundo y dimos un paso atrás importante" con el terremoto.

Infografía del terremoto de Haití

Según la prensa venezolana, específicamente el diario "Vive" (2010), documentos revelan que HAARP fue utilizado para manipular la geofísica del Caribe y provocar terremotos en Haití. La catástrofe dejó 316.000 muertos, 350.000 heridos y más de 1,5 millones de personas sin hogar. Las teorías de conspiración sugieren que Estados Unidos eligió Haití, un país tan pobre, para probar el potencial de su nueva arma. Las pruebas en el océano no proporcionaron suficiente información y atacar a enemigos en el Medio Oriente sería un suicidio comercial, ya que los terremotos podrían destruir valiosos pozos de petróleo. Así, Haití, ya devastado, fue visto como el objetivo perfecto, con poco potencial económico y pocas posibilidades de provocar una crisis diplomática.

Cuando el terremoto de magnitud siete sacudió la capital de Haití, Puerto Príncipe, la enorme destrucción y pérdida de vidas se atribuyó a dos factores principales: la proximidad de la ciudad a la falla que provocó el terremoto y la mala calidad de la construcción, que permitió a miles de personas los edificios colapsarían fácilmente. Los sismólogos saben que la geología local puede afectar la gravedad de un terremoto, aumentando las fuerzas sísmicas bajo ciertas condiciones. En el caso de Haití, grandes áreas de Puerto Príncipe se encuentran sobre capas relativamente frágiles de roca sedimentaria, propensas a la amplificación de ondas sísmicas.

imprimir    enviar por email    rectificar    Comentar 552 comentarios

Valoración:
★★★★☆

# Chávez acusa a EE.UU. de provocar el seísmo de Haití

- Una niña sobrevive seis días bajo los escombros de Haití
- Así tembló la tierra
- Asedio al aeropuerto
- La solución es... ¡amputar!
- El barco hospital que ofreció De la Vega tardará quince días en llegar

ABC.es  Actualizado Miércoles , 20-01-10 a las   A-  A+
10 : 48

El antiamericano gobierno de Venezuela, en su habitual paranoia contra el imperio yanqui, asegura que el seísmo de Haití es el "claro resultado de una prueba de la Marina estadounidense", y subraya que "un terremoto experimental de EE.UU. devastó el país caribeño".

En una nota de prensa publicada en la **cadena estatal de televisión Vive,** el Ejecutivo que dirige Hugo Chávez se hace eco de un reporte "preparado por la Flota Rusa del Norte que indica que el seísmo de Haití fue el claro resultado de una prueba de la Marina Estadounidense por medio de una de sus

Portada del periódico ABC

Los investigadores que presentaron sus hallazgos en una reunión científica en Foz do Iguaçu (PR) sugirieron que el terremoto en Haití reveló un sistema de fallas geológicas más grande en la región. La falla de Enriquillo, que atraviesa la capital haitiana, fue identificada originalmente como el origen del terremoto. Sin embargo, utilizando equipos como GPS y radar, el investigador Calais (2011) y sus colegas de la Universidad Purdue demostraron que el patrón de movimiento del terremoto era incompatible con el deslizamiento en una falla vertical como Enriquillo. Los cálculos mostraron que una nueva falla, ligeramente inclinada a 60 grados al norte de Enriquillo, fue la verdadera causa del terremoto. Esta falla hasta ahora desconocida fue revelada por el propio evento sísmico.

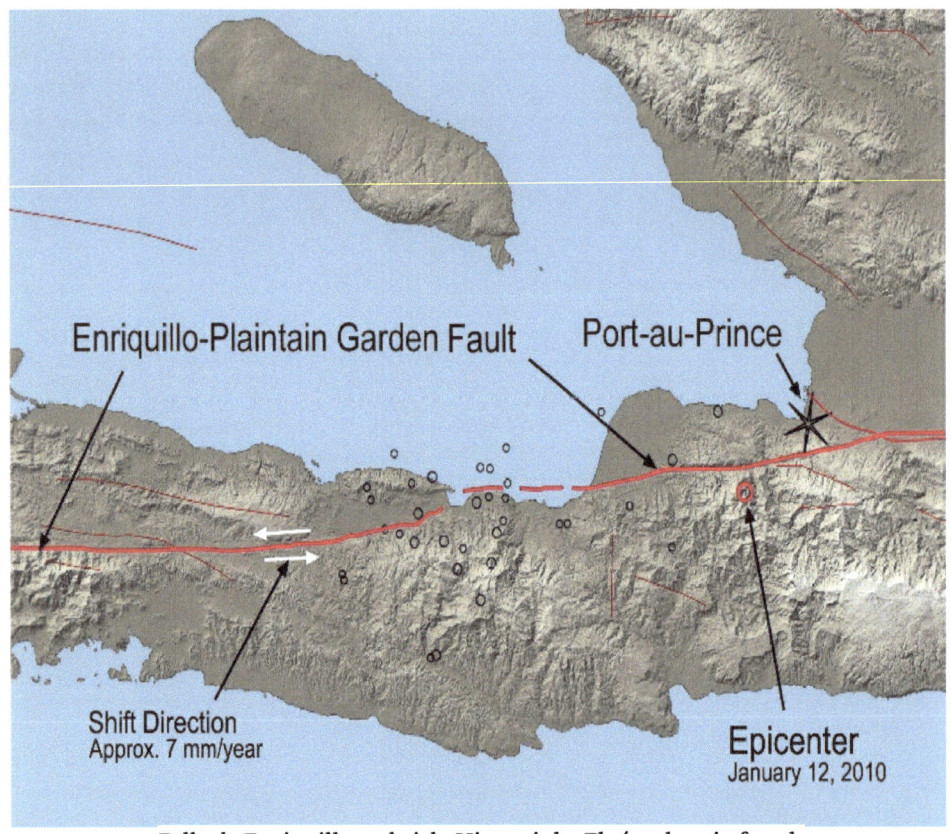

Falla de Enriquillo en la isla Hispaniola. El círculo rojo fue el epicentro del terremoto de 2010 en Haití, las flechas blancas indican la dirección del movimiento de las placas tectónicas.

Calais (2011) señaló que la ausencia de rupturas superficiales a lo largo de la falla de Enriquillo fue la primera pista de que el terremoto de Haití fue más complejo de lo que se pensaba anteriormente. En medio de la destrucción causada por el terremoto, los científicos tardaron varios meses en recopilar datos para explicar lo sucedido.

Calais dijo a la BBC que la búsqueda y el estudio del sistema de fallas geológicas, al que podría estar asociada la nueva falla, es crucial para determinar "el nivel de riesgo para Haití a largo plazo". Explicó que el deslizamiento de falla durante un terremoto cambia el nivel de riesgo en la región dependiendo de la ubicación, geometría y deslizamiento de la falla. En algunas áreas, el riesgo puede aumentar, mientras que en otras puede disminuir. Se están realizando investigaciones para determinar las consecuencias específicas del terremoto para el sur de Haití.

Un artículo publicado en la revista Nature Geoscience debería ayudar a los científicos e ingenieros a mapear las regiones de las ciudades en riesgo de futuros terremotos, un proceso llamado microzonificación. Hough (2010) afirmó que los sismólogos conocen desde hace mucho tiempo la existencia de la amplificación topográfica, pero el fenómeno a menudo se descartaba como "una especie de casualidad". "Esto no es algo que los científicos hayan podido desarrollar sistemáticamente", explica.

"Las capas sedimentarias son más conocidas".
Assimaki (2011), profesor de Georgia Tech que revisó el artículo de Hough para Nature Geoscience pero que no participó en la investigación, dice que los hallazgos deberían ayudar a desarrollar modelos más precisos de los procesos de amplificación durante los terremotos. "Analíticamente, el problema ya se ha estudiado exhaustivamente, pero los modelos todavía están bastante idealizados", afirma Dominic. Sin embargo, muchos otros científicos siguen atribuyendo esta catástrofe al programa norteamericano HAARP.

**Otras teorías sobre HAARP y el terremoto de Haití**

Varias teorías de conspiración sugieren que HAARP puede manipular el clima y provocar desastres naturales, incluidos terremotos. En el caso del terremoto de Haití, algunas de las teorías más comunes incluyen:

1. Prueba de arma geofísica: Una teoría afirma que Estados Unidos utilizó HAARP para probar un arma geofísica, provocando

deliberadamente el terremoto en Haití.

Motivación: Se eligió Haití debido a su vulnerabilidad y falta de importancia geopolítica, lo que reduce el riesgo de una crisis diplomática global.

2. Manejo de fallas tectónicas:
En teoría, HAARP tendría la capacidad de enviar ondas de baja frecuencia a la Tierra, provocando movimientos en fallas tectónicas específicas.

Motivación: Demostrar el potencial militar de HAARP sin comprometer regiones más estratégicas.

3. Ocultamiento de Otras Operaciones:
El terremoto fue inducido para desviar la atención de otras operaciones militares o políticas llevadas a cabo por Estados Unidos en la región.

Motivación: Crear un desastre humanitario para encubrir actividades clandestinas.

Hasta la fecha, no existe evidencia científica que respalde estas teorías. La comunidad científica, incluidos geofísicos y sismólogos, sostiene que el terremoto de Haití fue un evento natural resultante de la actividad tectónica en la región. Las teorías de conspiración sobre HAARP a menudo se basan en interpretaciones incorrectas o exageradas de las capacidades del programa.

El terremoto de Haití de 2010 fue una tragedia de inmensas proporciones, exacerbada por la pobreza y la infraestructura inadecuada del país. Aunque las teorías de conspiración que involucran a HAARP sugieren una manipulación deliberada del evento, no hay evidencia concreta que respalde estas afirmaciones. La explicación científica predominante sigue siendo la de un fenómeno natural, amplificado por las condiciones geológicas y sociales locales.

Imagen de Haití después del terremoto de 2010

# CAPÍTULO 7: EL HAARP BRASILEÑO

En Brasil también tenemos una instalación similar a HAARP, ubicada en Maranhão, en el Observatorio Espacial São Luís. Este complejo se utiliza para "investigar la ionosfera", y sus antenas son visiblemente similares a las de HAARP en Alaska. La finalidad de estas antenas repartidas por todo el mundo es clasificada como "secreta" por Estados Unidos, sugiriendo que se utilizan para estudiar y posiblemente interferir con la capa ionosférica.

## HAARP NO BRASIL

HAARP brasileño [Fuente: INPE]

En Brasil también ocurren fenómenos similares a los observados en otras regiones cercanas a HAARP. Los informes de perturbaciones en las frecuencias electromagnéticas en los radares aeronáuticos brasileños coinciden con el funcionamiento de esas máquinas. Incluso hay quienes afirman que es posible "escuchar" HAARP. Los estudios realizados a lo largo de los años han indicado una correlación entre el aumento de las frecuencias nocivas y las fechas de uso del complejo. En Brasil, el Instituto Nacional de Investigaciones Espaciales (INPE) verificó el lanzamiento de rayos invisibles contra la ionosfera para, según ellos, mejorar la recepción de señales UHF y VHF en las regiones ecuatoriales.

El radar de retrodispersión coherente (RESCO) de 50 MHz fue instalado en el Observatorio Espacial São Luís/INPE y comenzó a funcionar en agosto de 1998. Este radar mide la dinámica del plasma de electrojet y de las burbujas ionosféricas ecuatoriales. Diseñado para mapear turbulencias y derivas electromagnéticas provenientes de irregularidades de pequeña escala (tres metros), opera en un rango de altura de 90 km a 1.000 km en la ionosfera ecuatorial.

Estas irregularidades del plasma tienen un impacto importante en la propagación de ondas de radio transionosféricas en una amplia gama de frecuencias, desde VHF a UHF, afectando todas las actividades de comunicaciones espaciales en la región tropical brasileña. La formación y distribución espacial de estas irregularidades son altamente sensibles a cambios en el clima espacial, además de procesos convectivos y tormentas troposféricas.

El radar fue desarrollado y construido por el INPE durante varios años. Transmite señales pulsadas de alta potencia a través de una red de antenas con 768 dipolos, lo que permite concentrar toda la energía en un haz de radiación muy estrecho. La misma antena también recoge señales de retorno dispersadas por irregularidades ionosféricas. La potencia máxima transmitida (120 KW) se logra a través de un sistema transmisor modular de 8 fases para maximizar la potencia. El control operativo lo lleva a cabo una computadora, que también realiza la adquisición, procesamiento y procesamiento "en línea" de los datos recibidos de la ionosfera. Los datos registrados están disponibles para su posterior procesamiento y análisis.

Desde 1998, el radar se ha utilizado en varias campañas de observación y ha recogido sistemáticamente datos sobre la dinámica del electrojet ecuatorial. Junto con el radar de 30 MHz, ofrece a los investigadores grandes oportunidades para estudiar los peculiares fenómenos de la región ecuatorial. Estos radares, junto con los de Perú (Jicamarca), India (Thumba) e Indonesia, se encuentran entre los pocos existentes en el mundo alrededor del ecuador magnético. La región ecuatorial brasileña, debido a la peculiar configuración del campo geomagnético, presenta características muy diferentes a otras regiones.

En 1994, la NASA, en colaboración con el Instituto Nacional de Investigaciones Espaciales (INPE) de Brasil, llevó a cabo la campaña GUARÁ en Alcântara, Maranhão. El principal objetivo de esta campaña científica fue estudiar fenómenos específicos de la ionosfera ecuatorial, en particular el electrochorro ecuatorial y las burbujas ionosféricas.

## Objetivos de la Campaña GUARÁ

1. El electrochorro ecuatorial es una corriente eléctrica que circula a aproximadamente 100 km de altitud, a lo largo del ecuador magnético. Esta corriente afecta significativamente la propagación de ondas de radio y es un fenómeno importante para las comunicaciones y la navegación por satélite.

2. Investigación de las burbujas ionosféricas: Las burbujas ionosféricas son regiones de plasma enrarecido que se encuentran en la ionosfera. Pueden causar perturbaciones en las comunicaciones por radio y en las señales de GPS. Comprender la formación y la dinámica de estas burbujas es crucial para mejorar la confiabilidad de los sistemas de comunicaciones y navegación.

## Metodología e Instrumentación

Durante la campaña GUARÁ, se emplearon varias herramientas y técnicas para recopilar datos:

1. Entre septiembre y octubre de 1994 se lanzaron 26 cohetes. Estos cohetes llevaban instrumentos científicos para medir directamente las propiedades de la ionosfera y obtener

datos detallados sobre el electrochorro ecuatorial y las burbujas ionosféricas.

2. Radar de retrodispersión: Se utilizó un radar de retrodispersión coherente, similar al RESCO, para mapear la turbulencia y la deriva electromagnética en la ionosfera. Este radar permitió estudiar las irregularidades del plasma a pequeña escala.

3. La digisonda es un equipo que realiza estudios ionosféricos, enviando pulsos de radio hacia la ionosfera y midiendo las señales reflejadas. Este instrumento proporcionó valiosos diagnósticos de la estructura y comportamiento de la ionosfera durante la campaña.

4. Magnetómetros: Los magnetómetros operados por el INPE en el Observatorio Espacial São Luís monitorearon las variaciones del campo magnético terrestre, proporcionando datos complementarios sobre los fenómenos estudiados.

**Resultados e Impacto**

La campaña GUARÁ contribuyó significativamente a la comprensión de los procesos ionosféricos en la región ecuatorial. Los datos recopilados ayudaron a mejorar los modelos científicos de estos fenómenos y desarrollar tecnologías para mitigar los efectos adversos en las comunicaciones y la navegación.

**Importancia de la colaboración internacional**

La asociación entre la NASA y el INPE ejemplifica la importancia de la colaboración internacional en la ciencia espacial. Al combinar recursos y experiencia, ambas instituciones han podido realizar investigaciones integrales y de alta calidad que han beneficiado a la comunidad científica mundial.

En resumen, la campaña GUARÁ de 1994 fue un hito importante en el estudio de la ionosfera ecuatorial, aportando avances significativos a la ciencia espacial y aplicaciones prácticas en sistemas de comunicaciones y navegación.

# CAPÍTULO 8: HAARP EN LA ACTUALIDAD - HECHOS Y FICCIÓN

En mayo de 2024, el estado de Rio Grande do Sul en Brasil enfrentó una serie de lluvias torrenciales que provocaron inundaciones, deslizamientos de tierra y daños importantes. Estos fenómenos meteorológicos extremos han planteado dudas sobre sus causas, y algunas teorías de conspiración vinculan el fenómeno con HAARP. Este capítulo tiene como objetivo presentar un análisis científico de las causas de las lluvias, desmitificando la conexión con HAARP y explicando la difusión de teorías de conspiración.

Según expertos en meteorología y climatología, las lluvias extremas en Rio Grande do Sul fueron resultado de una combinación de factores climáticos naturales:

1. La Niña: Este fenómeno climático se caracteriza por el enfriamiento de las aguas del Océano Pacífico Ecuatorial, lo que altera los patrones de viento y temperatura. Durante los eventos de La Niña, la región sur de Brasil generalmente experimenta un aumento de la humedad, lo que contribuye a lluvias intensas.

2. Convergencia de humedad: La formación de precipitaciones extremas también estuvo influenciada por la convergencia de masas de aire. Una masa de aire húmedo procedente del Amazonas se encontró con un frente frío procedente de Argentina. Esta interacción entre el aire cálido y húmedo y el aire frío crea condiciones ideales para la inestabilidad atmosférica y precipitaciones intensas.

3. Cambio climático: el calentamiento global juega un papel importante en la intensificación del ciclo del agua, lo que aumenta la frecuencia y gravedad de los fenómenos meteorológicos extremos. El aumento de las temperaturas globales intensifica la

evaporación, lo que genera una mayor cantidad de vapor de agua en la atmósfera, lo que provoca lluvias más intensas.

Sin embargo, en Internet y en algunos círculos de desinformación se acusa erróneamente a HAARP de ser la causa de esta catástrofe.

Según los expertos, no existe evidencia científica que respalde la teoría de que HAARP pueda controlar el clima. Los físicos y meteorólogos sostienen que la energía necesaria para influir en el clima a una escala significativa está más allá de las capacidades de HAARP. Además, los expertos del programa afirman que HAARP no estuvo en funcionamiento durante las lluvias en Rio Grande do Sul, lo que imposibilita cualquier relación causal.

La teoría de que HAARP provocó las lluvias en el estado brasileño se difundió rápidamente en las redes sociales. Esta propagación se puede atribuir a varios factores:

1. Desinformación: en entornos de crisis, la información errónea puede difundirse rápidamente, especialmente en plataformas digitales donde la información se puede compartir sin verificación.

2. Busque explicaciones simples: Ante eventos catastróficos, muchas personas buscan explicaciones simples e inmediatas. Las teorías de la conspiración ofrecen una narrativa atractiva y fácil de entender para quienes desconfían de las explicaciones y autoridades científicas.

3. Falta de acceso a información confiable: No todos tienen acceso a fuentes de información confiables y con base científica, lo que facilita la proliferación de información errónea.

Para combatir la desinformación, es fundamental adoptar algunas prácticas:

1. Busque información de fuentes confiables: es importante consultar sitios web de agencias gubernamentales, instituciones de investigación y medios de comunicación acreditados.

2. Desarrollar una visión crítica: cuestionar la información que parece dudosa o sensacionalista es esencial para evitar la difusión de información errónea.

3. Comparte sólo información verificada: Antes de compartir noticias o teorías, es vital verificar su veracidad.

## Las lluvias en Dubai y HAARP: investigando una posible conexión

En marzo de 2024, Dubái fue escenario de lluvias torrenciales que provocaron graves inundaciones, importantes perturbaciones e incluso una muerte. La cantidad de lluvia registrada superó con creces el promedio anual de la región, lo que generó dudas sobre sus causas. A raíz de este evento extremo, surgió una teoría de conspiración que sugería un vínculo con HAARP. Aunque la comunidad científica ha explicado las causas naturales de la lluvia, la teoría HAARP sigue intrigando y provocando debate.

La teoría de la conspiración sugiere que HAARP puede manipular el clima y podría haberse utilizado para provocar fuertes lluvias en Dubai. Los defensores de esta teoría afirman que HAARP, a través de sus emisiones de alta frecuencia, interfirió con la formación de nubes y las precipitaciones, alterando el clima de forma artificial.

### Analizando la conexión

Para evaluar la plausibilidad de este vínculo, es fundamental considerar los siguientes puntos:

1. Causas naturales de la lluvia en Dubai: Según el Centro Meteorológico Nacional de los EAU, la lluvia fue causada por un sistema de baja presión que se formó en el Mar Arábigo y se intensificó a medida que avanzaba. A la intensidad de las lluvias también contribuyó la convergencia de los vientos húmedos del Golfo Pérsico y del Mar Arábigo, junto con la topografía de la región.

2. Capacidades técnicas de HAARP: Los expertos en física

atmosférica y meteorología dicen que HAARP no tiene la capacidad de influir en el clima a gran escala. La energía necesaria para manipular significativamente el clima está mucho más allá de lo que HAARP puede generar. Además, la frecuencia utilizada por HAARP está destinada a estudiar la ionosfera y no a manipular las condiciones meteorológicas.

3. Evidencia científica: No existe evidencia científica que respalde la teoría de que HAARP pueda controlar el clima. Las lluvias en Dubái, tal como las describen las autoridades meteorológicas locales, fueron el resultado de fenómenos naturales bien conocidos.

Las lluvias en Rio Grande do Sul en 2024 fueron causadas por fenómenos meteorológicos naturales, entre ellos La Niña, la convergencia de la humedad y el cambio climático. No hay evidencia que conecte HAARP con estos eventos. La difusión de teorías de conspiración es un desafío constante que requiere un esfuerzo colectivo para promover la alfabetización científica y la difusión de información precisa.

Aunque las lluvias en Dubai en marzo de 2024 fueron un evento extraordinario, el vínculo con HAARP sigue sin base científica. Las explicaciones de los meteorólogos apuntan a causas naturales, como el sistema de bajas presiones y la convergencia de vientos húmedos. La teoría de que HAARP puede manipular el clima carece de evidencia y plausibilidad técnica. En tiempos de crisis, es fundamental promover la alfabetización científica y la difusión de información veraz para combatir la desinformación y las teorías conspirativas.

## La crisis de credibilidad de la prensa y la falta de transparencia gubernamental

Además, la proliferación de teorías conspirativas sobre eventos climáticos, también sobre salud, vacunas y enfermedades, se ve exacerbada por la crisis de credibilidad que enfrenta la prensa mundial y la falta de transparencia por parte de los gobiernos. En muchas regiones, la confianza en el periodismo ha disminuido, alimentada por percepciones de parcialidad política, sensacionalismo y conflictos de intereses. Cuando la población siente que los medios de comunicación no informan la verdad o ocultan información, aumenta la desconfianza, creando un terreno fértil para las teorías de conspiración.

Al mismo tiempo, la falta de transparencia de los gobiernos empeora la situación. Cuando los líderes políticos no brindan información clara y precisa o se percibe que ocultan hechos, la población tiende a buscar respuestas alternativas, a menudo de fuentes poco confiables. La falta de comunicación abierta y honesta por parte de los gobiernos contribuye a la difusión de información errónea y la desconfianza pública.

Para enfrentar estos desafíos, es crucial que la prensa se comprometa con la precisión, la objetividad y la integridad en sus informes. Los funcionarios gubernamentales, a su vez, deben adoptar políticas efectivas de transparencia y comunicación, proporcionando información clara y accesible al público. Sólo a través de un esfuerzo conjunto entre medios, gobierno y sociedad será posible combatir la desinformación y fortalecer la confianza en las instituciones.

# CONSIDERACIONES FINALES

El proyecto HAARP (Programa de Investigación Auroral Activa de Alta Frecuencia) se desarrolló inicialmente con el objetivo de mejorar las comunicaciones por radio. Sin embargo, cuando los creadores se dieron cuenta de su potencial para influir en el clima local y posiblemente global, el programa recibió especial atención. Con inversiones millonarias se construyeron otros complejos de antenas en diferentes partes del mundo, con el objetivo de obtener un control integral sobre el clima.

A pesar de las afirmaciones del gobierno estadounidense de que HAARP está destinado exclusivamente a fines no militares, muchos gobiernos cuestionan esta posición. Existe un importante debate sobre el verdadero propósito de estas importantes inversiones en una tecnología supuestamente destinada a mejorar las comunicaciones por radio. La pregunta que surge es: ¿por qué los gobiernos invertirían millones de dólares en un experimento sólo para mejorar las ondas de radio?

Actualmente, el proyecto HAARP está operativo en todos los continentes, con capacidad de comunicación intercontinental. Lo más sorprendente es que el gobierno de Estados Unidos sigue invirtiendo miles de dólares en el mantenimiento del proyecto. Es importante señalar que ningún gobierno haría una inversión de esta magnitud solo para estudios simples o para mejorar las comunicaciones por radio, especialmente considerando las avanzadas tecnologías de comunicación por satélite disponibles en la actualidad.

Aunque los funcionarios gubernamentales niegan que HAARP se utilice para la manipulación climática, después de estudiar numerosas fuentes bibliográficas y realizar varias búsquedas en sitios web considerados relevantes, es al menos plausible que esta manipulación climática sea, de hecho, posible. La magnitud de las inversiones en HAARP sugiere que el proyecto puede tener objetivos más ambiciosos que simplemente mejorar las comunicaciones por radio.

Estoy de acuerdo con la idea de que ningún gobierno haría grandes inversiones sólo para mejorar las comunicaciones por radio, dado que actualmente hay tecnologías más eficientes disponibles. La conclusión a la que llego es que quien domine la capacidad de controlar el clima tendrá un poder significativo sobre el mundo. Por lo tanto, no se puede descartar el posible uso de HAARP con fines de manipulación climática sin una investigación más exhaustiva y transparente.

Aunque los militares estadounidenses afirman que transfirieron el proyecto a la Universidad de Alaska, lo cierto es que el sistema sigue activo y no ha sido descontinuado como afirman las autoridades en el tema.

# REFERENCIAS BIBLIOGRÁFICAS

BARR, R., Rietveld, M. T., Kopka, H., Stubbe, P. y Nielsen, E. Nature Ed. 155-157 (1985).

ESA, Agencia Espacial Europea ORO, NICK. Los ángeles no tocan esto, la Tierra presiona Pr; 1ª edición. (1 de julio de 1997, págs. 36-41).

GRANJERO, Mark (PERIODISTA DE AVIACIÓN MILITAR), 2011 HERRERO, ALEMÁN MI. Clima Guerra, Editor: Presione Aventuras ilimitadas (11 de septiembre de 2013).

INAN, EE.UU. et al. Geofísico. Letonia Res. 31, L24805 (2004) INPE, Instituto Nacional de Investigaciones Espaciales.

John, profesor de Política en la Universiyti de Sydney, Australia y Wissenschaftszentrum Berlin für Sozialforschung Germany, WZB (Centro de Ciencias Sociales WZB de Berlín), 2011.
Diario venezolano VIVE (2010), Chávez acusa a Estados Unidos de provocar el terremoto en Haití.

KEANE, Michael (Universidad del Sur de California) 2009, LACOST, Ives: Geografía - que sirve, sobre todo, para hacer la guerra, Ed. Papirus, edición 16, 2010.

miguel KEANE (UNIVERSIDAD EN SURESTE DE CALIFORNIA) 2009,

MONTEIRO, Carlos. AF. El estudio geográfico del clima. Florianópolis: Editora da UFSC, 1999. v. 01. 71p..

NASA, Administración Nacional de Aeronáutica y del Espacio NATURALEZA, GEOCIENCIA, Revista Semanal Internacional de Ciencia 452, p 930-932 (2008, 2011).

NOA, NACIONAL OCEÁNICO Y GESTIÓN ATMOSFÉRICA.

Jornal GLOBO (2010), Chávez dice que EE.UU. provocó un terremoto en Haití al probar armas.

ONU, Organismos de las Naciones Unidas.

PINTO, Osmar Jr. Grupo de Electricidad Atmosférica (ELAT), (INPE) Instituto Nacional de Investigaciones Espaciales 2010.

POINT, Iwi (INVESTIGADOR DEL PENTÁGONO), 2008 PAPA, Nick (2010)
PURDU UNIVERSIDAD, INDIANA ESTADO, ESTADOS UNIDOS.

RODGER, CJ y otros. Ana. Geofísica. Ed. 24, 2025-2041 págs. 19-23 (2006).

SMITH, JERRY EHAARP, Editor: Adventures Unlimited Press (3 de mayo de 2010).

# ARCHIVOS ADJUNTOS
U.S. Patent No. 4,686,605

Welcome to the
United States Patent and TradeMark Office

an Agency of the United States Department of Commerce

---

United States Patent                    4,686,605

Eastlund                      August 11, 1987

---

Method and apparatus for altering a region in the earth's atmosphere, ionosphere, and/or magnetosphere

### Abstract

A method and apparatus for altering at least one selected region which normally exists above the earth's surface. The region is excited by electron cyclotron resonance heating to thereby increase its charged particle density. In one embodiment, circularly polarized electromagnetic radiation is transmitted upward in a direction substantially parallel to and along a field line which extends through the region of plasma to be altered. The radiation is transmitted at a frequency which excites electron cyclotron resonance to heat and accelerate the charged particles. This increase in energy can cause ionization of neutral particles which are then absorbed as part of the region thereby increasing the charged particle density of the region.

---

Inventors: Eastlund; Bernard J. (Spring, TX)
Assignee: APTI, Inc. (Los Angeles, CA)
Appl. No.: 690333
Filed: January 10, 1985

Current U.S. Class:            361/231; 89/1.11; 244/158R; 388/55
Intern'l Class:               H05B 006/64; H05C 003/00; H05H 001/46
Field of Search:      361/138,231 244/158 R 376/100 89/1.11 388/55

---

### References Cited [Referenced By]
#### Other References

Liberty Magazine, (2/35) p. 7 N. Tesla.
New York Times (9/22/40) Section I, p. 7 W. L. Laurence.
New York Times (12/8/15) p. 8 Col. 3.

Primary Examiner: Cangialosi; Salvatore
Attorney, Agent or Firm: MacDonald; Roderick W.

---

### Claims

---

page 1

---

## Artículo de la revista Nature Geo Science

Se sabe que las condiciones geológicas locales, incluidas las capas sedimentarias cercanas a la superficie y las características topográficas, influyen significativamente en los movimientos del suelo causados por los terremotos. Los mapas de microzonificación sísmica utilizan estas condiciones geológicas para caracterizar el peligro sísmico, pero generalmente incorporan sólo el efecto de las capas sedimentarias. La microzonificación sísmica rara vez tiene en cuenta la topografía local, ya que una amplificación topográfica significativa se considera rara.

Sin embargo, mostramos que aunque la magnitud del daño estructural en el terremoto de Haití de 2010 se debió principalmente a una mala construcción, la amplificación topográfica contribuyó significativamente a los daños en el distrito de Petionville, al sur del centro de Puerto Príncipe. Un gran número de estructuras sustanciales y relativamente bien construidas situadas a lo largo de una cresta en las estribaciones de este distrito han resultado gravemente dañadas o colapsadas.

Utilizando registros de réplicas, calculamos la respuesta del movimiento del suelo en dos estaciones sísmicas a lo largo de la cresta topográfica y en dos estaciones en el valle adyacente. Los movimientos del suelo en la cresta se amplificaron en relación con los sitios del valle y un sitio de referencia de roca dura, lo que no puede explicarse por la amplificación inducida por sedimentos. En cambio, la amplitud y las frecuencias predominantes del movimiento del suelo indican una amplificación de las ondas sísmicas por una cresta estrecha y empinada.

Sugerimos que los mapas de microzonificación sísmica pueden mejorarse potencialmente incorporando efectos topográficos, proporcionando una evaluación más precisa del peligro sísmico y ayudando a mitigar los daños en futuras construcciones.

# MacDonald; Rodrigo W.

## Reclamos

1. Dicha resonancia ciclotrón de excitación de dicha región continúa hasta que la concentración de electrones de dicha región alcanza un valor de al menos $10^6$ por centímetro cúbico y tiene una energía iónica de al menos 2 eV.

2. El método de la reivindicación 1, que incluye la etapa de proporcionar partículas artificiales en dicha al menos una región que es excitada por dicha resonancia de electrones-ciclotrón.

3. Método según la reivindicación 2, caracterizado por el hecho de que dichas partículas artificiales se obtienen inyectándolas en dicha al menos una región desde un satélite en órbita.

4. Método según la reivindicación 1, caracterizado por el hecho de que dicho umbral de excitación de resonancia ciclotrón de electrones es de aproximadamente 1 vatio por centímetro cúbico y es suficiente para provocar el movimiento de una región de plasma a lo largo de dichas líneas de campo magnético a una altitud superior a la altitud a la que dicha excitación comenzó.

5. Método, según la reivindicación 4, caracterizado porque dicha región de plasma ascendente arrastra consigo una porción sustancial de partículas atmosféricas neutras existentes en o en las proximidades de dicha región de plasma.

6. Método según la reivindicación 1, caracterizado por el hecho de que se proporciona al menos una fuente separada de segunda radiación electromagnética, teniendo dicha segunda radiación al menos una frecuencia diferente de dicha primera radiación, que choca con dicha al menos una segunda radiación mientras dicha La región pasa a través de un ciclotrón de electrones de excitación por resonancia provocados por dicha primera radiación.

7. Método según la reivindicación 6, caracterizado porque dicha segunda radiación tiene una frecuencia que es absorbida por dicha

región.

8. Método según la reivindicación 6, caracterizado por el hecho de que dicha región de plasma en dicha ionosfera y dicha segunda radiación excitan ondas de plasma dentro de dicha ionosfera.

9. Método según la reivindicación 8, caracterizado porque dicha concentración de electrones alcanza un valor de al menos $10^{12}$ por centímetro cúbico.

10. Método según la reivindicación 8, caracterizado por el hecho de que dicha excitación electrónica por resonancia de ciclotrón se lleva a cabo inicialmente dentro de dicha ionosfera y continúa durante un tiempo suficiente para permitir que dicha región se eleve por encima de dicha ionosfera.

11. Método según la reivindicación 1, caracterizado porque dicha excitación por resonancia ciclotrónica de electrones se realiza por encima de aproximadamente 500 km y durante un tiempo de 0,1 a 1.200 segundos, de manera que se consigue un calentamiento múltiple de dicha región de plasma mediante calentamiento estocástico en la magnetosfera.

12. Método según la reivindicación 1, caracterizado porque dicha primera radiación electromagnética tiene polarización circular derecha en el hemisferio norte y polarización circular izquierda en el hemisferio sur.

13. El método de la reivindicación 1, en el que dicha primera radiación electromagnética se genera en la ubicación de una fuente de combustible de hidrocarburos de origen natural, estando dicha fuente de combustible ubicada en al menos una de las latitudes magnéticas norte o sur.

14. Método según la reivindicación 13, caracterizado porque dicha fuente de combustible es gas natural y la electricidad para generar dicha radiación electromagnética se obtiene quemando dicho gas natural en al menos uno de entre turbina de gas, pila de combustible, generadores eléctricos magnetohidrodinámicos y

EGD. ubicado en el lugar donde se produce dicho gas natural en la tierra.

15. El método de la reivindicación 14, en el que dicha ubicación del gas natural está dentro de las latitudes magnéticas que abarcan Alaska.

# Método y dispositivo para modificar una región de la atmósfera, ionosfera y/o magnetosfera de la Tierra.

Se proponen un método y un dispositivo para modificar al menos una región seleccionada que normalmente existe en la superficie de la Tierra. Esta región está excitada por la resonancia del ciclotrón, que eleva la temperatura de los electrones, aumentando así su densidad de partículas cargadas. En una realización, la radiación electromagnética polarizada circularmente se transmite verticalmente, siguiendo una trayectoria sustancialmente paralela y a lo largo de una línea de campo que atraviesa la región de plasma que se va a modificar. Esta radiación se transmite a una frecuencia que excita los electrones resonantes del ciclotrón, calentando y acelerando las partículas cargadas. Este aumento de energía puede inducir la ionización de partículas neutras, que luego son absorbidas como parte de la región, aumentando así la densidad de las partículas cargadas en ella.

# ACERCA DEL AUTOR

**José Ruiz Watzeck**

Periodista, Escritor, Autor, Geógrafo, Matemático, Profesor, Neuropsicopedagogo, Especialista en Enseñanza Superior, Postgrado en Auditoría, Gestión y Licencias Ambientales, Postgrado en Geoprocesamiento y Georreferenciación, Pedagogo, especialista en Astronomía y Astrofísica.

www.ingramcontent.com/pod-product-compliance
Lightning Source LLC
Chambersburg PA
CBHW050810290526
45792CB00001B/59